公路施工安全教育系列丛书——工种安全操作
本书为《公路施工安全视频教程》配套用书

起重机械操作工

安全操作手册

广 东 省 交 通 运 输 厅 组织编写
广东省南粤交通投资建设有限公司
中铁隧道局集团有限公司 主 编

人民交通出版社股份有限公司
China Communications Press Co.,Ltd.

内 容 提 要

本书是《公路施工安全教育系列丛书——工种安全操作》中的一本，是《公路施工安全视频教程》（第五册　工种安全操作）的配套用书。本书主要介绍起重机械操作工安全作业的相关内容，包括：起重机作业基本知识，起重机操作安全要求，起重机检查、保养安全要求等。

本书可供起重机械操作工使用，也可作为相关人员安全学习的参考资料。

图书在版编目（CIP）数据

起重机械操作工安全操作手册/广东省交通运输厅组织编写；广东省南粤交通投资建设有限公司，中铁隧道局集团有限公司主编．— 北京：人民交通出版社股份有限公司，2018.12

ISBN 978-7-114-15046-3

Ⅰ．①起…　Ⅱ．①广…　②广…　③中…　Ⅲ．①起重机械—操作—技术手册　Ⅳ．①TH21-62

中国版本图书馆 CIP 数据核字（2018）第 225892 号

Qizhong Jixie Caozuogong Anquan Caozuo Shouce

书　　名： 起重机械操作工安全操作手册

著 作 者： 广东省交通运输厅组织编写

广东省南粤交通投资建设有限公司　中铁隧道局集团有限公司主编

责任编辑： 韩亚楠　郭红蕊

责任校对： 宿秀英

责任印制： 张　凯

出版发行： 人民交通出版社股份有限公司

地　　址： （100011）北京市朝阳区安定门外外馆斜街 3 号

网　　址： http://www.ccpcl.com.cn

销售电话： （010）59757973

总 经 销： 人民交通出版社股份有限公司发行部

经　　销： 各地新华书店

印　　刷： 北京建宏印刷有限公司

开　　本： 880×1230　1/32

印　　张： 2.125

字　　数： 58 千

版　　次： 2018 年 12 月　第 1 版

印　　次： 2023 年 5 月　第 3 次印刷

书　　号： ISBN 978-7-114-15046-3

定　　价： 15.00 元

致工友们的一封信

LETTER

亲爱的工友：

你们好！

为了祖国的交通基础设施建设，你们离开温馨的家园，甚至不远千里来到施工现场，用自己的智慧和汗水将一条条道路、一座座桥梁、一处处隧道从设计蓝图变成了实体工程。你们通过辛勤劳动为祖国修路架桥，为交通强国、民族复兴做出了自己的贡献，同时也用双手为自己创造了美好的生活。在此，衷心感谢你们！

交通建设行业是国家基础性和先导性行业，也是安全生产的高危行业。由于安全意识不够、安全知识不足、防护措施不到位和违章操作等原因，安全事故仍时有发生，令人非常痛心！从事工程施工一线建设，你们的安全牵动着家人的心，牵动着广大交通人的心，更牵动着党中央及各级党委、政府的心。为让工友们增强安全意识，提高安全技能，规范安全操作，降低安全风险，保证生产安全，我们组织开发制作了以动画和视频为主要展现形式的《公路施工安全视频教程》(第五册　工种安全操作)，并同步编写了配套的《公路施工安全教育系列丛书——工种安全操作》口袋书。全套视频教程和配套用书梳理、提炼了工种操作与安全生产相关的核心知识和现场安全操作要点，易学易懂，使工友们能知原理、会工艺、懂操作，在工作中做到保护好自己和他人不受伤害。

请工友们珍爱生命，安全生产；祝福你们身体健康，工作愉快，家庭幸福！

广东省交通运输厅

二〇一八年十月

目录

CONTENTS

1 PART 起重机作业基本知识

1.1 起重机械操作工简介

起重机械操作工是指操作起重机械进行起重、吊运等工作的特种设备作业人员。(起重额定量≥3t,且提升高度≥2m 的起重机属特种设备,根据国家质量监督检验检疫总局 2014 年第 114 号文件公布的《特种设备目录》,汽车吊不再属于特种设备。)

(1)起重机械操作工应年满 18 周岁、身体健康,在定点医院体检合格。无心脏病、癫痫、眩晕、突发性晕厥、恐高症及身体缺陷等疾病。

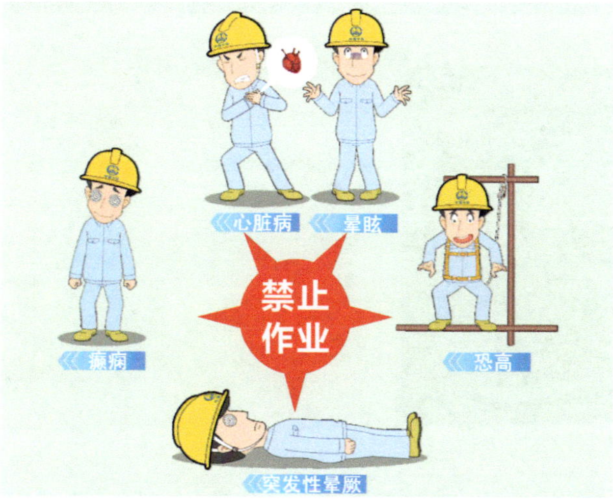

(2)按照《特种设备作业人员监督管理办法》有关要求，经(省级质量技术监督部门指定的考试机构)培训考核合格，持有《特种设备作业人员证》后方可从事相应的作业。

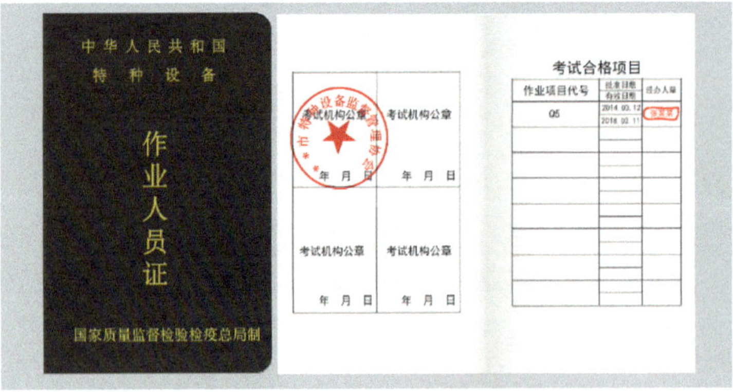

序号	种　类	作 业 项 目	项目代号
07	起重机械作业	起重机械安装维修	Q1
		起重机械电气安装维修	Q2
		起重机械指挥	Q3
		桥门式起重机操作工	Q4
		塔式起重机操作工	Q5
		门座式起重机操作工	Q6
		缆索式起重机操作工	Q7
		流动式起重机操作工	Q8
		升降机操作工	Q9
		机械式停车设备操作工	Q10

(3)《特种设备作业人员证》每 4 年复审一次，持证人员应当在复审期届满 3 个月前，向发证部门提出复审申请。

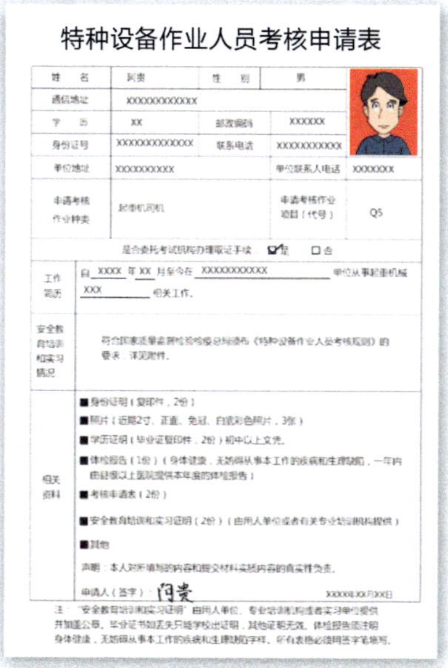
特种设备作业人员考核申请表

姓　名	闫贵	性　别	男	
通信地址	XXXXXXXXXXXX			
学　历	XX	邮政编码	XXXXXX	
身份证号	XXXXXXXXXXXXXX	联系电话	XXXXXXXXXXX	
单位地址	XXXXXXXXXX		单位联系人电话	XXXXXXX
申请考核作业种类	起重机司机		申请考核作业项目（代号）	Q5
是否委托考试机构办理取证手续 ☑是 □否				
工作简历	自 XXXX 年 XX 月至今在 XXXXXXXXXXX 单位从事起重机械 XXX 相关工作。			
安全教育培训和实习情况	符合国家质量监督检验检疫总局颁布《特种设备作业人员考核规则》的要求，详见附件。			
相关资料	■身份证明（复印件，2份） ■照片（近期2寸、正面、免冠、白底彩色照片，3张） ■学历证明（毕业证复印件，2份）初中以上文凭。 ■体检报告（1份）（身体健康，无妨碍从事本工作的疾病和生理缺陷，一年内由县级以上医院提供本年度的体检报告） ■考核申请表（2份） ■安全教育培训和实习证明（2份）（由用人单位或者有关专业培训机构提供） ■其他 声明：本人对所填写的内容和提交材料实质内容的真实性负责。 申请人（签字）：闫贵　XXXX年XX月XX日			

注：“安全教育培训和实习证明”由用人单位、专业培训机构或者实习单位提供并加盖公章。毕业证书如丢失只能学校出证明，其他证明无效。体检报告须注明身体健康，无妨碍从事本工作的疾病和生理缺陷字样。所有表格必须用签字笔填写。

1.2 起重机械操作工职责

(1)熟练掌握起重机安全操作规程并严格遵守;做到“三知四会”。

(2)严格执行安全管理规章制度、安全技术交底,不违章作业,不擅离操作岗位。

(3)起重机械操作工同指挥人员做好信息沟通，严格服从指挥人员的指令。

(4)对违章指挥、强令冒险作业有权拒绝。

(5)做好吊装作业前的设备、环境安全检查确认。

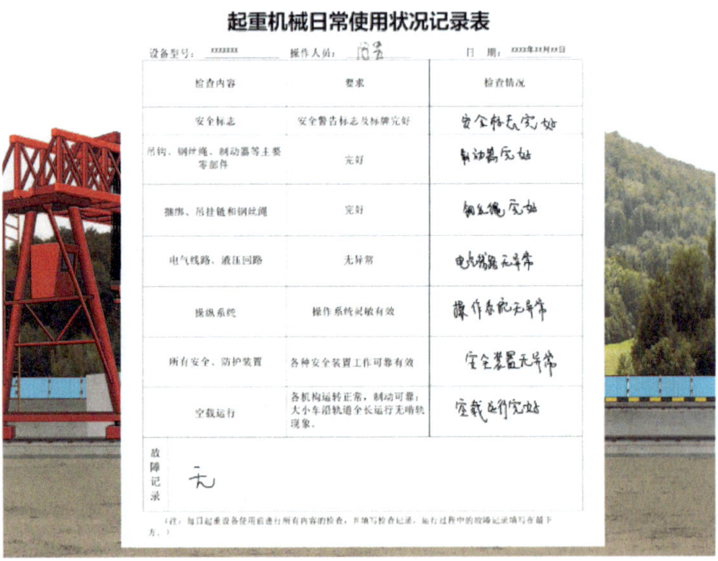

起重机械日常使用状况记录表

设备型号：xxxxxxx　操作人员：[illegible]　日期：xxxx年xx月xx日

检查内容	要求	检查情况
安全标志	安全警告标志及标牌完好	安全标志完好
吊钩、钢丝绳、制动器等主要零部件	完好	制动器完好
捆绑、吊挂链和钢丝绳	完好	钢丝绳完好
电气线路、液压回路	无异常	电气线路无异常
操纵系统	操作系统灵敏有效	操作系统无异常
所有安全、防护装置	各种安全装置工作可靠有效	安全装置无异常
空载运行	各机构运转正常，制动可靠；大小车沿轨道全长运行无啃轨现象。	空载运行完好
故障记录	无	

（注：每日起重设备使用前进行所有内容的检查，并填写检查记录，运行过程中的故障记录填写在最下方。）

(6)起重作业完成后做好起重机断电、锁闭及安全停放等工作。

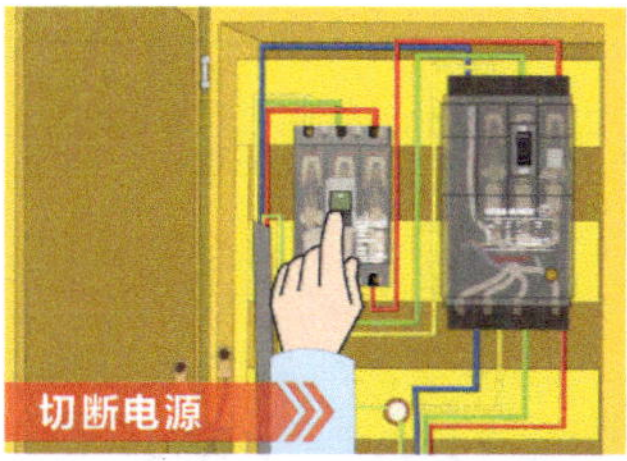

(7)做好起重机日常例行检查、维护保养工作,并形成书面记录。

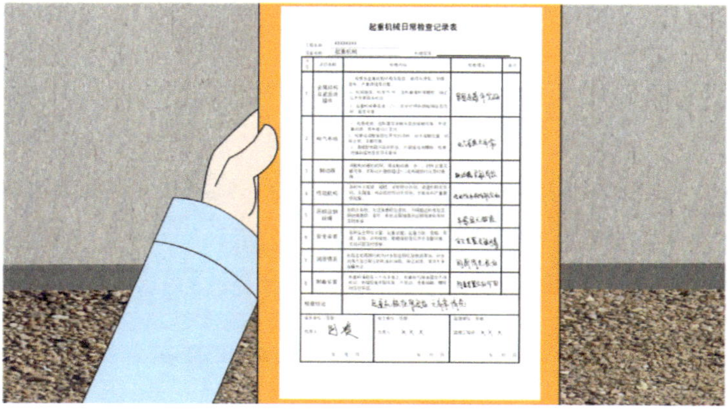

1.3 起重机械简介

起重机械是指在一定范围内垂直升降或垂直升降并水平移动重物的机电设备。

(1)起重机械按结构形式分类有:桥式起重机、门式起重机、塔式起重机、流动式起重机、门座式起重机、升降机。

(2)公路工程施工常用的有汽车吊、塔吊和龙门吊。

a. 汽车吊：主要由起升、变幅、回转、起重臂和汽车底盘组成。

设备类型	优点	缺点
汽车吊	机动性好,转移迅速	工作时须支腿，不能负荷行驶，也不适合在松软或泥泞的场地上工作

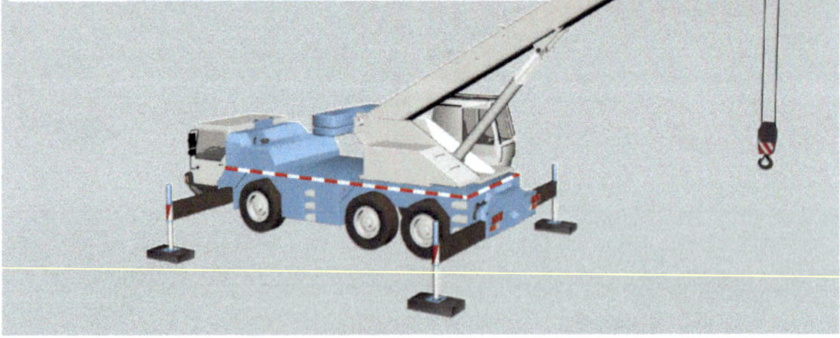

b. 塔吊：主要由金属结构(包括塔身、动臂和底座等)、工作机构(起升、变幅、回转机构等)和电气系统(电动机、控制器、配电柜、连接线路、信号及照明装置等)三部分组成。

塔吊安装

塔吊顶升

设备类型	优点	缺点
塔吊	有效作业空间大	对基础要求高，设备安拆复杂，安全风险相对较大

c. 龙门吊：主要由主梁、支腿、行走机构、起升机构及电气系统等组成。

设备类型	优点	缺点
龙门吊	场地利用率高、作业范围大、适应面广、通用性强、安拆方便、使用安全性能好	对门吊运行的基础承载力及轨道安装线形要求高，室外空载时易受大风影响，轨行区安全风险相对较大

龙门吊有**电缆供电**（设有电缆卷筒，配电箱应设置在轨道中部）和**滑触线供电**（滑触线安装高度必须不低于2m，根据不同类型的滑触线其支架间距应满足规范要求，滑线两端应有鲜明标识，滑线须设置防护装置）两种方式，滑触线供电方式使用安全性高，宜优先采用。

1.4 起重机安全管理要求

(1)起重机械的安装、拆卸均须制定专项方案;起重量300kN及以上的起重设备安装工程,高度200m及以上内爬起重设备的拆除工程的专项方案须经专家论证。

安装完毕后，安装单位应当在起重机安装完成并验收后30日内将相关技术资料和文件移交使用单位以便建立起重机安全技术档案。

安全技术档案内容
1. 设计文件、产品质量合格证明、安装及使用维护说明、监督检验证明等相关技术资料和文件
2. 定期检验和定期自行检查记录
3. 日常使用状况记录
4. 维护记录
5. 运行故障和事故记录

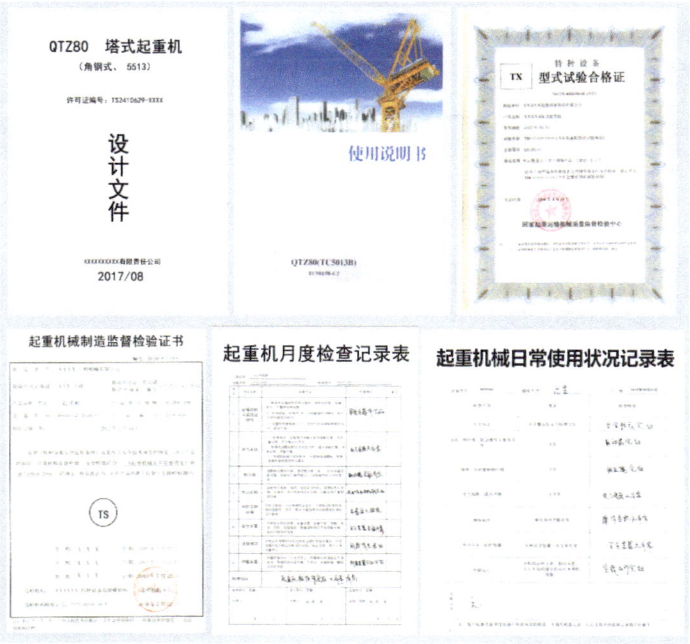

在起重机投入使用前或者投入使用后 30 日内，向市质量技术监督局申请办理使用登记证，并将登记证标志置于起重机的显著位置。

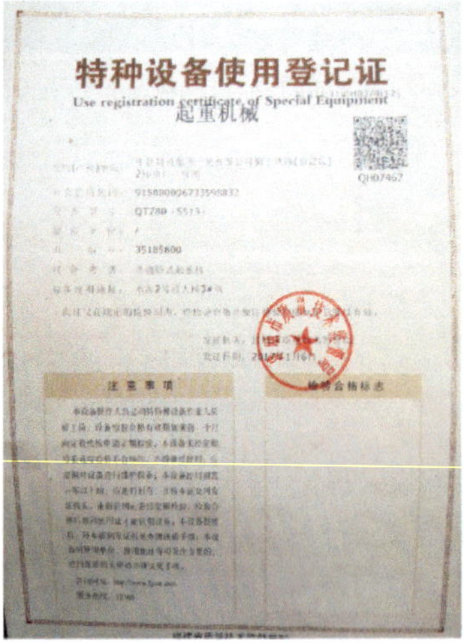

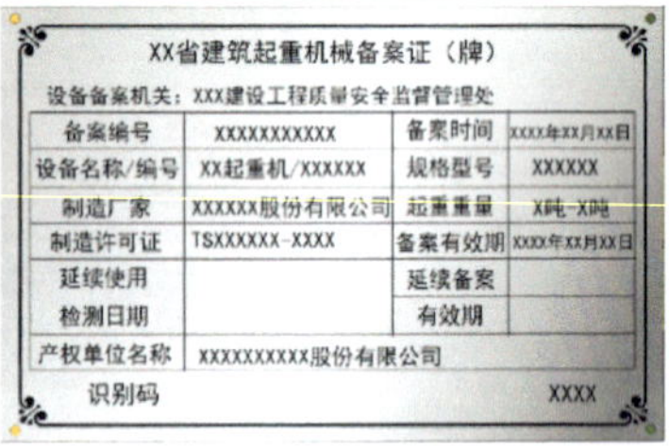

起重机拆除后 30 日内应到原登记部门办理登记注销。

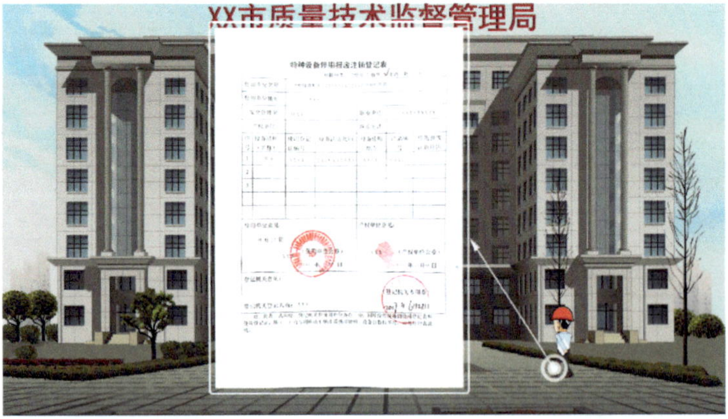

(2)起重机械的安装、拆卸应当由具有相应安装许可资质的单位实施。

起重机械的使用单位应当与安装、拆除单位签订《起重机械安装、拆卸安全协议》,明确双方的安全生产责任。租赁的起重机,应当在租赁协议中明确承租单位和出租单位的安全生产责任。

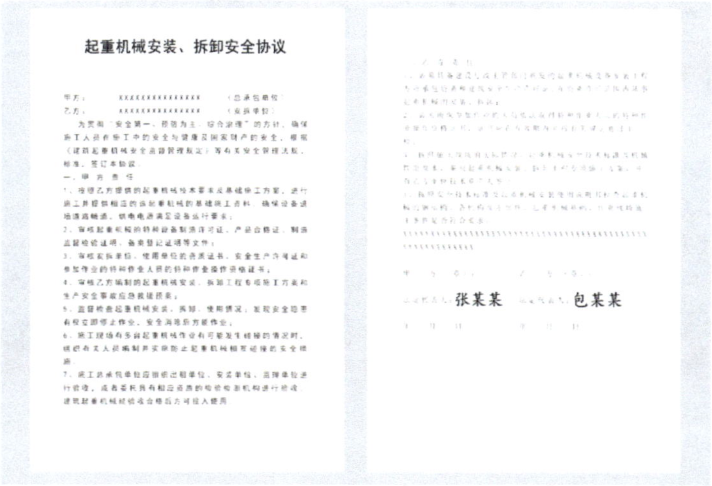

(3)起重机的各项安全装置(幅度限制、力矩限制、重量限制、高度限位、变幅限位、回转限位装置、断绳保护装置等)应完好、有效,防护措施(转动部位必须设防护罩,机体上安全爬梯、警灯、警铃、高空障碍指示灯、风速仪等)完善。

安 全 装 置

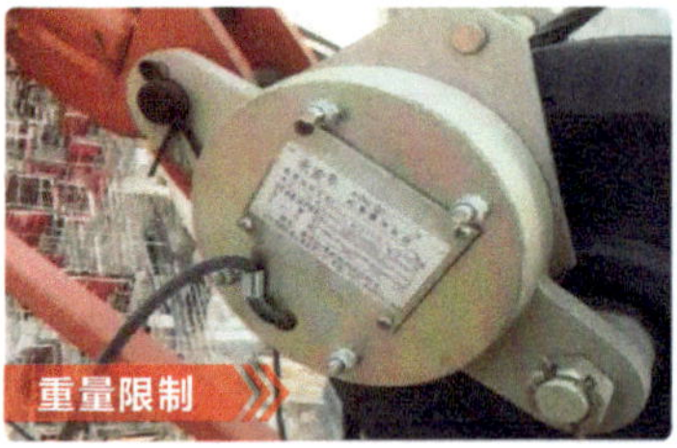

防护措施

龙门吊警铃

龙门吊夹轨及限位装置

龙门吊警灯

汽车吊安全装置

塔吊警示灯

塔吊风速仪

使用单位应做好在用起重机的日常检查工作，每月至少组织一次全面检查，并做书面记录。

起重机械月度检查记录表

工程名称：xxx项目部

设备名称：xxxxxxxxx　　机械型号：xxxxxxxxx

序号	项目名称	检查内容	检查情况	备注
1	金属结构及紧固连接件	1、检查各金属结构件有无裂纹、脱焊和开裂、扭曲、变形、严重锈蚀等现象。 2、机械底架、标准节/件、及附着撑杆等螺栓、销子应齐全紧固无松动。 3、起重机械垂直度≤2‰，防护栏杆和钢板网是否完好，固定可靠。	紧固连接件完好	
2	电气系统	1、检查电源、控制器及各触头是否接触可靠，并适量润滑，用手拨动应灵活。 2、检查或调整各限位开关的顶杆、碰头接触位置，间隙正常，灵敏可靠。 3、清理配电箱污垢和积灰，拧紧接线端螺栓，检查绝缘和接地是否符合要求。	电气系统无异常	
3	制动器	调整制动器的间隙，清洁制动器（块），刹车装置灵敏可靠。若制动片磨损超过1/2或有破损时应及时更换。	制动器灵敏有效	
4	传动机构	各机件无裂纹、破损，滚轮转动自如，减速机构无异响、无漏油，啮合良好传动无异响，齿轮齿和严重磨损现象。	传动链和构件性能完好	
5	吊钩及钢丝绳	吊钩无裂纹，无过度磨损及变形，不得超过标准规定，钢丝绳磨损、变形、断丝及腐蚀情况达到报废标准时及时更换。	吊索具无破损	
6	安全装置	各种安全限位装置：起重装置、起重力矩、变幅、高度、回转、吊钩保险、断绳保险等应齐全灵敏可靠，发现问题及时修复。	安全装置灵敏可靠	
7	润滑情况	在规定的周期时间内对各规定部位加换润滑油，对各润滑点加注相应的机油和油脂，保证润滑、清洁干净，油量充足。	润滑情况良好	
8	附着装置	附着杆保持在一个水平面上，附着框与塔身固定不得松动，附墙铰座牢固可靠、不晃动，连着销轴、螺栓均完好牢固。	附着装置完好牢固	
检查结论		起重机械性能良好，无异常情况。		

保养单位（签章）：	施工单位（签章）：	监理单位（签章）：
负责人：XXX	负责人：XXX	监理工程师：XXX
年　月　日	年　月　日	年　月　日

(4)龙门吊及塔吊的金属结构必须设置可靠的防雷接地(接地电阻≤4Ω),所有电气设备的金属外壳均应接地。

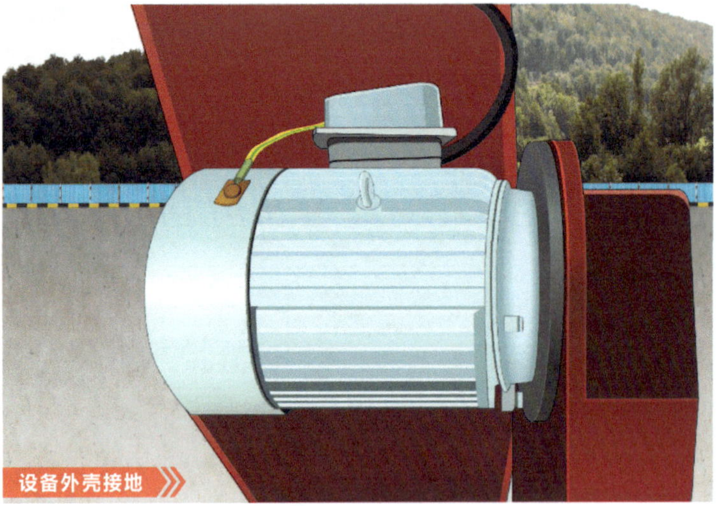

2 PART 起重机操作安全要求

2.1 一般安全要求

(1)上岗前应接受进场安全教育培训并考试合格。

(2)结合工作内容及作业环境规范佩戴个人防护用品(安全帽、工作服、防滑鞋及高处作业中所需的安全带),操作指定的起重机械。

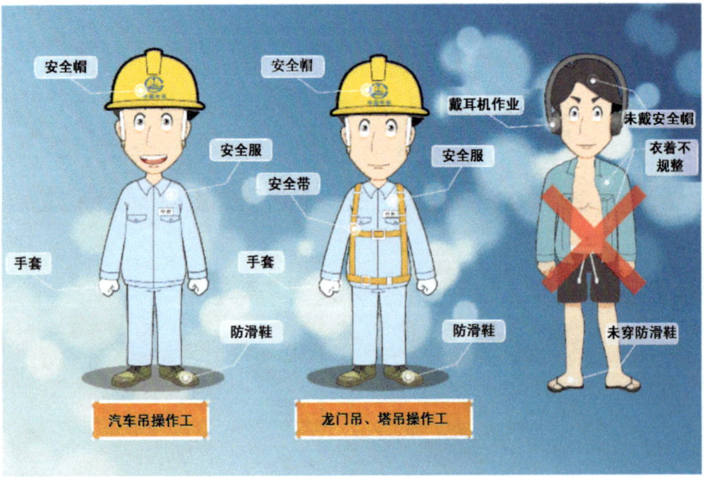

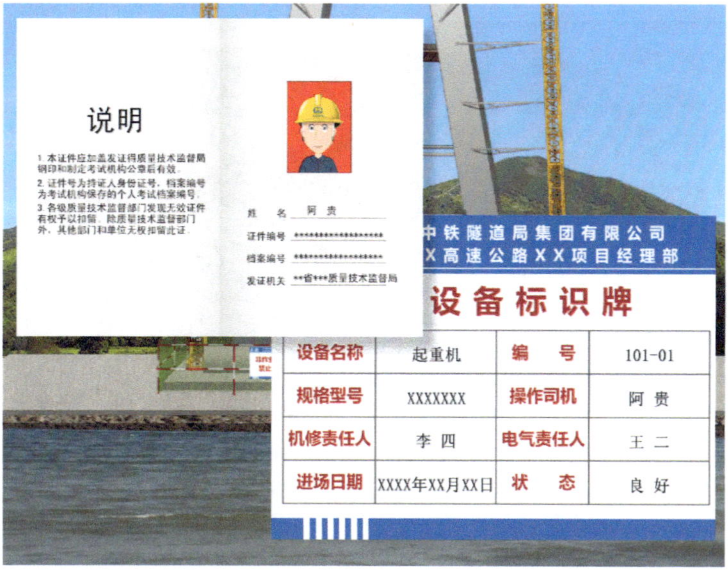

（3）吊装作业中须精力集中，严禁做无关事情。

(4)作业前须确认指挥人员位置、信号传输等情况。

(5)作业前应对吊具、索具进行检查,并进行试运转。

(6)吊运操作须平稳匀速,严禁自由下降、突然变速、变向或急开急停;严禁起吊重物在空中长时间滞留。

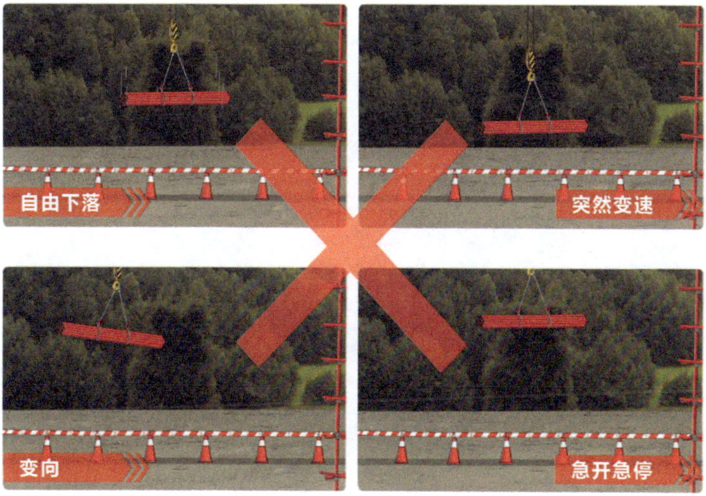

(7)应随时执行来自任何人发出的“停止信号”。

(8)设备运转中发生异响或故障,应立即停止操作;设备运转中严禁检修作业。

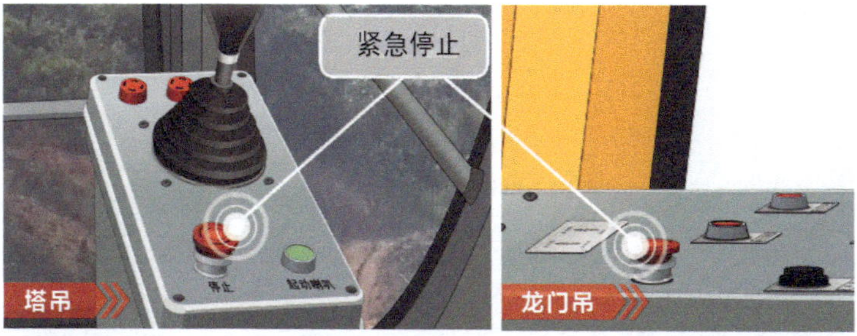

(9)严禁随意调整或拆除限位装置和保护装置,严禁使用限制器和限位装置代替操纵机构。

(10)钢丝绳在卷筒上必须排列整齐,尾部卡牢,工作中最少保留3圈以上。

(11)吊装作业过程中须与架空输电线路保持安全距离。

起重机与架空线路边线的最小安全距离							
电压(kV) 安全距离(m)	<1	10	35	110	220	330	500
沿垂直方向	1.5	3.0	4.0	5.0	6.0	7.0	8.5
沿水平方向	1.5	2.0	3.5	4.0	6.0	7.0	8.5

(12)当采用绳夹固接时,钢丝绳吊索绳夹最少数量应满足规程要求。

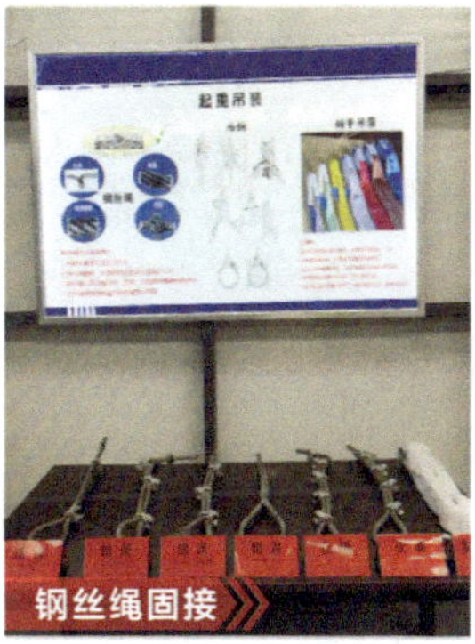

钢丝绳吊索绳夹最少数量	
绳夹规格(钢丝绳公称直径)d_1(mm)	钢丝绳夹的最少数量(组)
≤18	3
18~26	4
26~36	5
36~44	6
44~60	7

(13)固定钢丝绳的夹板应在钢丝绳受力绳一边，绳夹间距不应小于钢丝绳直径的6倍。

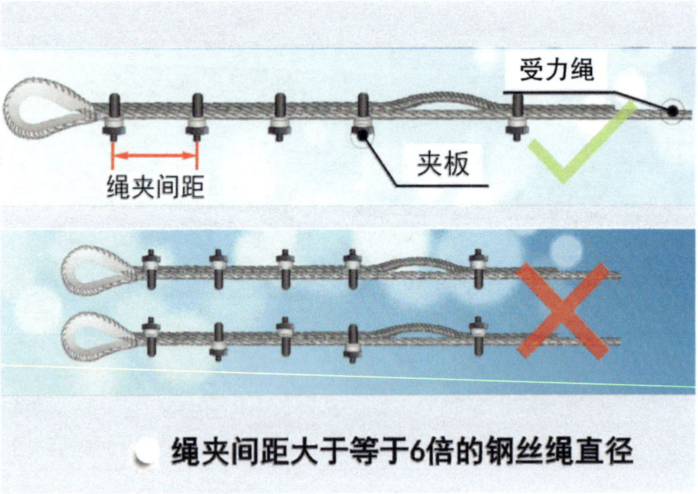

(14)钢丝绳严禁采用打结方式系结吊物。

(15)起重机吊钩的吊点,应与吊物重心在同一铅垂线上,使吊物处于稳定平衡状态。

(16)当采用两点或多点起吊时,吊索数宜与吊点数相符,且各吊索的材质、结构尺寸、索眼端部固定连接等性能应相同。

(17)起重吊装作业中严格执行“十不吊”。

①信号指挥不明不准吊。

②斜牵斜挂不准吊。

③吊物重量不明或超负荷不准吊。

④散物捆扎不牢、堆放不整齐或物料装放过满不准吊(散物吊运时须使用料斗,料斗上设有专用牢固吊点;料斗内装物高度不得超过料斗边缘,散粒状的轻浮易撒物盛装高度应低于料斗边缘10cm)。

⑤吊物上有人不准吊。

⑥埋在地下物件不准吊。

⑦安全装置失灵或带病不准吊。

⑧现场光线阴暗看不清吊物起落点不准吊。

⑨棱刃物与钢丝绳直接接触无保护措施不准吊。

⑩遇雷雨、大风、大雪、大雾等恶劣天气时不准吊。

2.2 汽车吊操作安全要求

(1)作业前应重点对设备支垫情况、作业场地及周边环境状况进行确认。

(2)汽车吊应停放在坚实平整的地面上,支腿必须使用枕木或钢板支垫平稳、牢固,轮胎全部离地,确保机体处于水平状态。

(3)作业前,须将各操纵杆放置空挡,驻车制动器锁死,方可起动设备。

(4)起重臂伸缩按规定程序进行,伸臂的同时下降吊钩;不得带负载伸缩臂杆。

(5)起重臂伸出后,变幅时不得小于各长度所规定的仰角。

QY25K 汽车起重机主臂起重性能表

全伸支腿,侧方、后方作业												
工作幅度	基本臂为 10.40m			中长臂 17.60m			中长伸臂 24.80m			全伸臂 32.00m		
(m)	起重量(kg)	吊臂仰角(°)	起升高度(m)	起重量(kg)	吊臂仰角(°)	起升高度(m)	起重量(kg)	吊臂仰角(°)	起升高度(m)	起重量(kg)	吊臂仰角(°)	起升高度(m)
3	25000	68.00	10.5	14700	76.00	18.11						
3.5	25000	64.59	10.25	14700	75.42	17.98						
4	24000	61.43	9.97	14700	73.72	17.82	9100	78.00	25.28			
4.5	21500	58.15	9.64	14700	72.00	17.65	9100	77.36	25.16			
5	18700	54.74	9.28	14200	70.26	17.47	9100	76.17	25.03			
5.5	17200	51.16	8.86	13500	68.51	17.26	9100	74.97	24.89	6500	78.00	32.32
6	15700	47.37	8.39	13000	66.73	17.04	8800	73.76	24.74	6500	77.50	32.2
7	12100	38.88	7.22	12000	63.08	16.54	8200	71.33	24.41	6500	75.65	31.95
8	9600	28.00	5.54	9000	59.31	15.95	7500	68.85	24.02	6100	73.79	31.66
9				8100	55.37	15.27	7100	66.33	23.59	5500	71.91	31.33
10				6800	51.23	14.48	6400	63.76	23.1	5000	70.00	30.97
12				5000	42.02	12.49	5060	58.42	21.94	4300	66.12	30.13
14				3800	30.00	9.6	3900	52.74	20.54	3800	62.10	29.12
16							3100	46.57	18.74	3100	57.93	27.93
18							2530	39.67	16.52	2500	53.55	26.52
20							2000	31.49	13.61	1960	48.90	24.95
22							1650	20.00	9.29	1600	43.88	22.9
24										1290	38.34	20.54
26										1020	31.98	17.6
28										810	24.14	13.71
29										700	19.00	11.07
各节臂伸缩率% II	0			33%			66%			100%		
各节臂伸缩率% III	0			33%			66%			100%		
各节臂伸缩率% IV	0			33%			66%			100%		
倍率	10			6			4			3		
主臂最小仰角	28°			30°			20°			19°		
主臂最大仰角	68°			76°			78°			78°		
吊钩重量	250kg											

(6)物料吊装不得超越驾驶室上方,且不得在车的前方起吊。

(7)物料吊运需较长时间滞空时,须将起升卷筒制动锁住,操作人员不得离开操纵室。

(8)物料吊运回转作业时,应观察回转区域内是否有人员或障碍物后,方可进行;垂直吊运作业须锁紧回转制动装置。

(9)当两台汽车吊共同起吊物料时,必须设专人统一指挥、协调一致。

(10)作业中严禁扳动各支腿操纵阀,调整支腿必须在无载荷时进行。

(11)作业后,须将起重臂全部缩回放在支架上,再收回支腿,吊钩挂牢并锁闭操纵室后,起重机操作工方可离开。

2.3 塔吊操作安全要求

(1)作业前应重点对塔吊基础稳固状况、标准节连接情况、限位及附属安全装置有效性等进行检查。

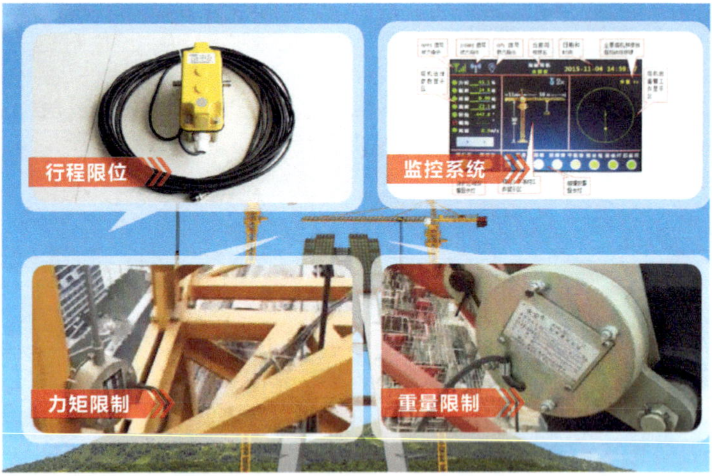
行程限位
监控系统
力矩限制
重量限制

风速仪
警示灯
内爬梯

(2)塔吊操作人员上下塔吊时须使用专用爬梯。

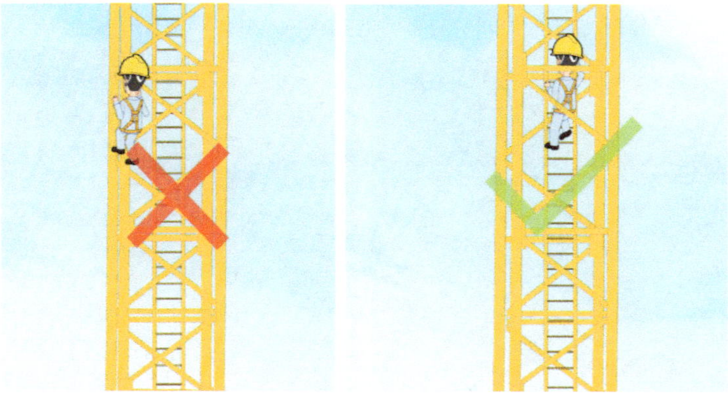

(3)设备通电前,须将控制器手柄调至零位。

(4)变换运转方向时,应将控制器手柄扳到零位,待电动机停转后再转向,不得直接变换运转方向。

(5)提升重物作水平移动时,应高出需跨越的障碍物0.5m以上。

（6）吊钩提升接近臂杆顶部、小车行至端点时，应减速缓行至停止位置，吊钩至臂杆顶部不得小于1m。

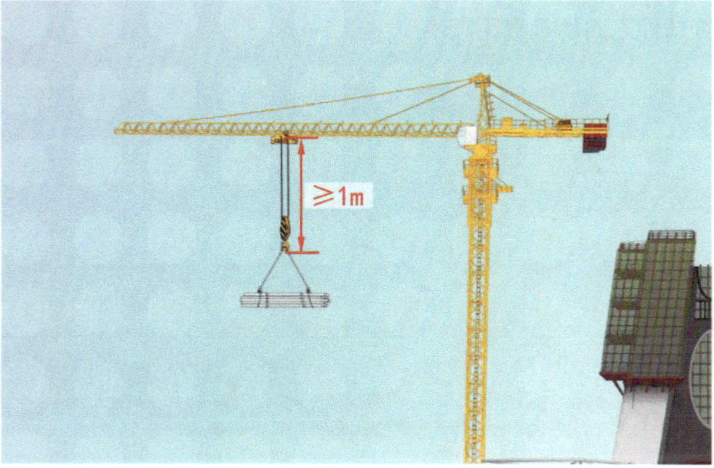

（7）潮湿环境起吊，应先试吊，确认制动灵敏可靠后，方可作业。

(8)多台塔吊相邻作业存在作业半径重叠时,加强观察,避免发生危险。(相邻两台塔机的大臂与对方塔身安全距离应不小于2m;高位塔机最低位置的部件与低位塔机中处于最高位置部件之间的垂直距离不应小于2m)

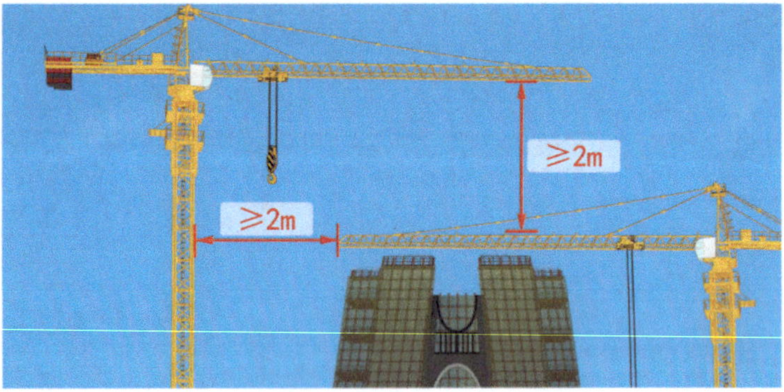

(9)当停电或电压下降时,应立即将控制器扳到零位,并切断电源;如吊钩上挂有重物,应使用制动器,使重物缓慢下降到安全地带。

(10)停机时,臂杆应转到顺风方向,须将控制器拨回零位并松开回转制动器,吊钩升至离起重臂顶端 2 ~3m 处,依次断开各开关,锁闭操作室门窗,断开设备总电源,打开高空指示灯。(台风天气时,臂杆不应锁定,应能自由旋转以防止折断)

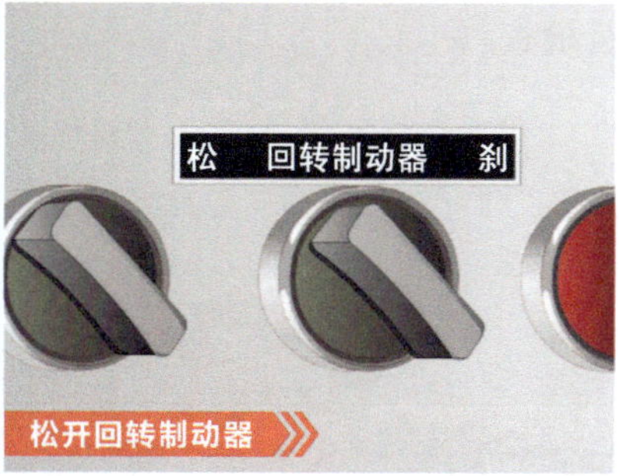

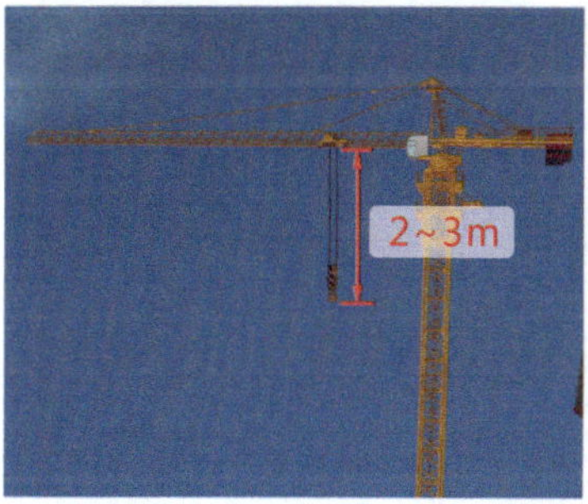

2.4 龙门吊操作安全要求

(1)作业前应重点对结构架体、轨道及夹轨器、电力线路进行检查。

(2)操作人员上下控制室必须使用专用扶梯。

(3)两台设备配合作业时,应使用平衡梁,走行、吊放等动作要协调一致,并保持安全距离(≥5m);空车行走时,吊钩应离地面2m以上。

(4)严禁在起重机结构架体上摆放工具、零部件等,以免坠落伤人。

(5)起重机行走时,确认两侧驱动是否同步。若发生偏移,必须停机检查、调整。

(6)突然断电时，须将所有控制器开关切换至零位并切断主电源。

(7)作业后，龙门吊应停放在指定位置，用夹轨器锁紧，吊钩上不得悬挂重物并收放至安全位置；将控制器调到零位，切断电源，关闭并锁好操作室门窗。

悬挂重物

控制器归零

切断电源
中铁隧道局集团

关闭操作室

3 PART 起重机检查、保养安全要求

(1)日常检查保养,须切断电源,挂“设备检修,请勿合闸”警示牌,专人监护下,方可作业。

(2)设备检修使用的工具、材料必须指定地点规整堆放,严禁随意放置。

(3)起重机钢丝绳达到以下条件应予以报废：

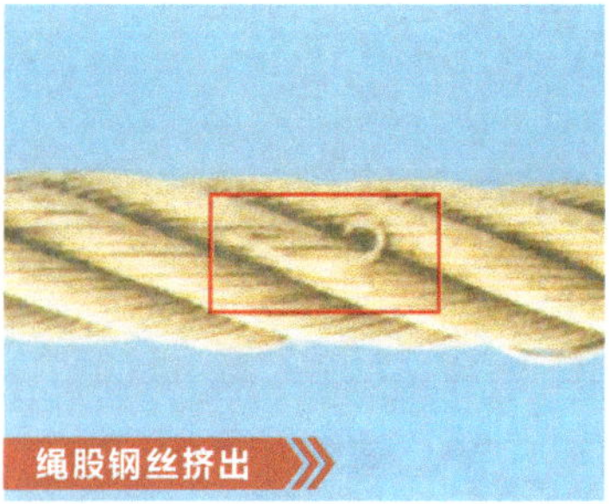

绳股钢丝挤出

单股钢丝绳绳芯挤出

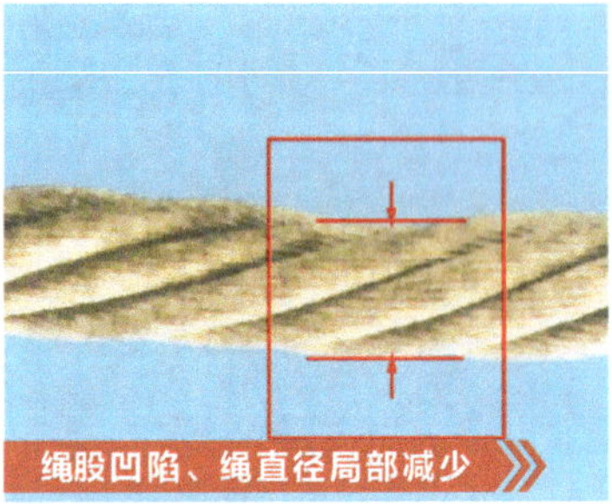

绳股凹陷、绳直径局部减少

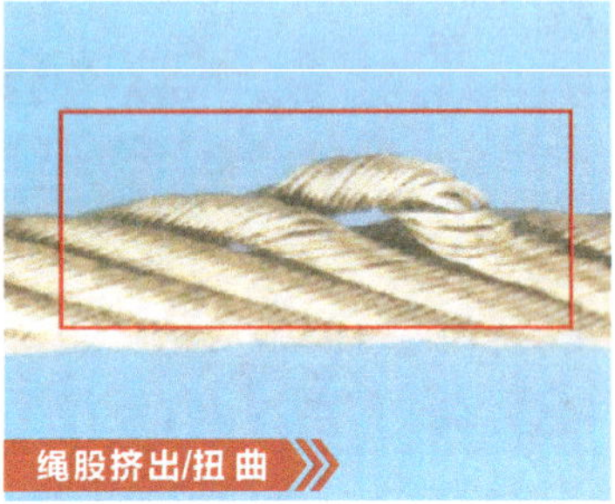

绳股挤出/扭曲

局部压扁

钢丝绳正向/逆向扭结

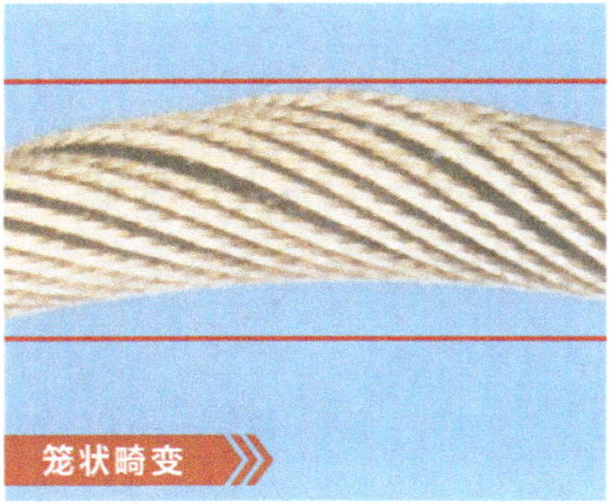

笼状畸变

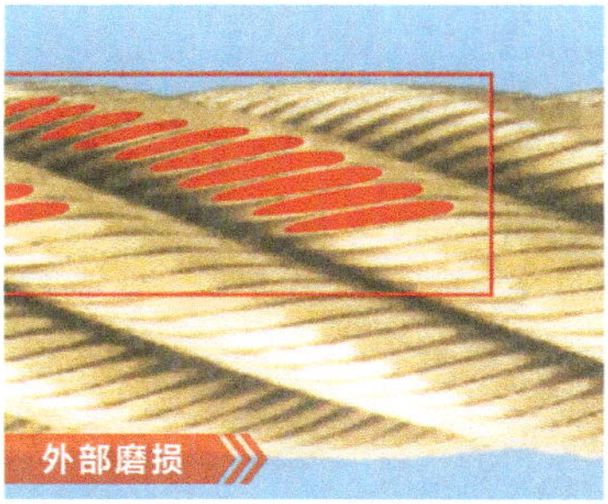

外部磨损

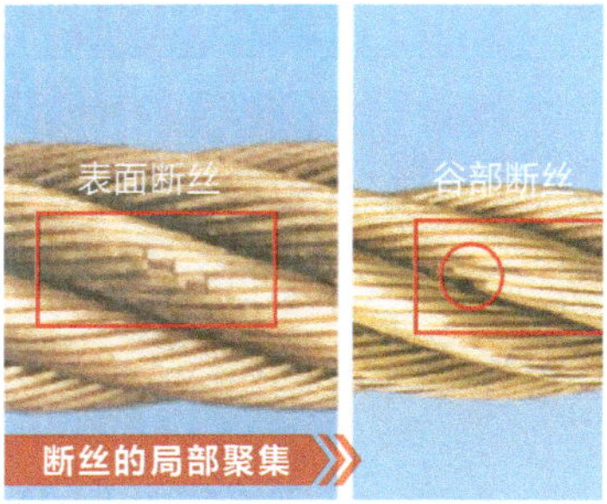

断丝的局部聚集

内部绳股突出

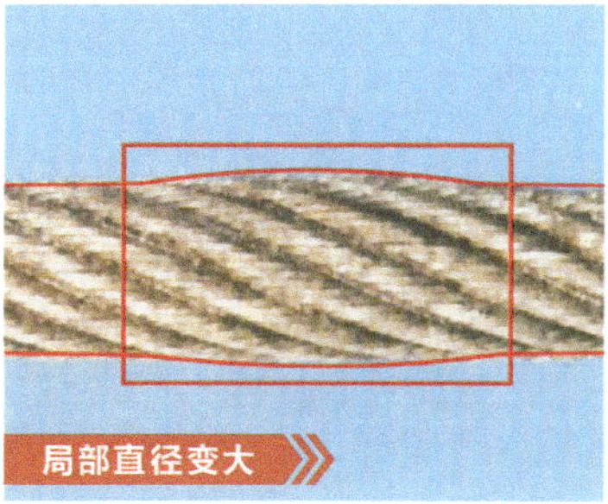

局部直径变大

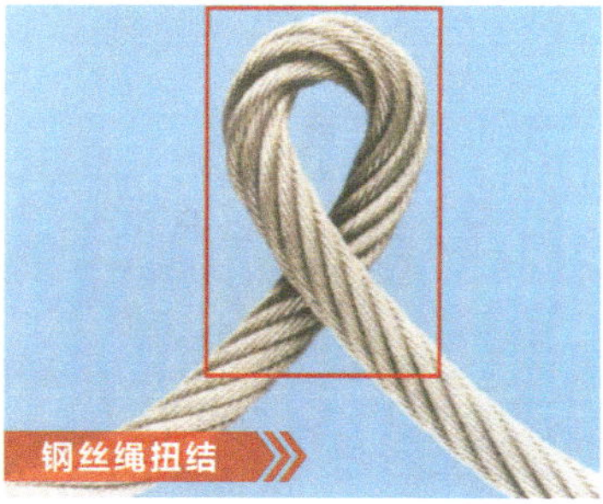

钢丝绳扭结

(4)起重机吊钩严禁补焊,有下列情况之一的应予以报废:

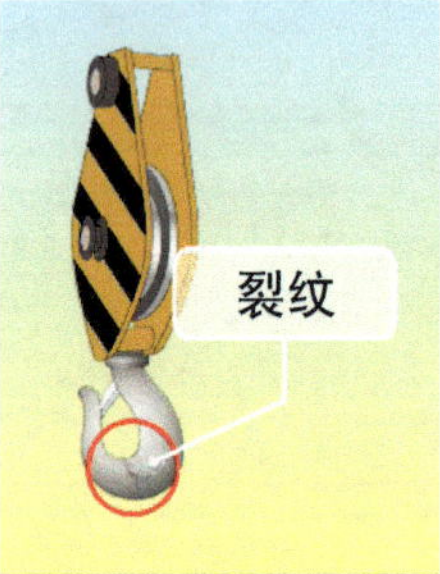

表面有裂纹

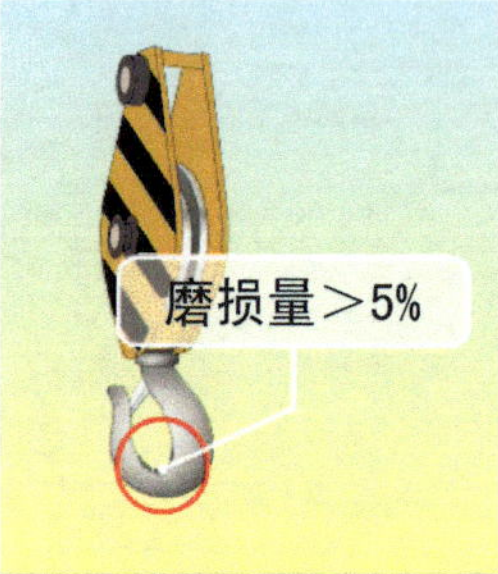

挂绳处截面磨损量超过原高度的5%

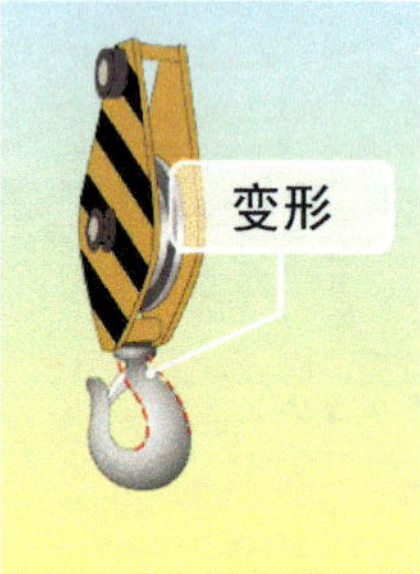

钩柄出现塑性变形

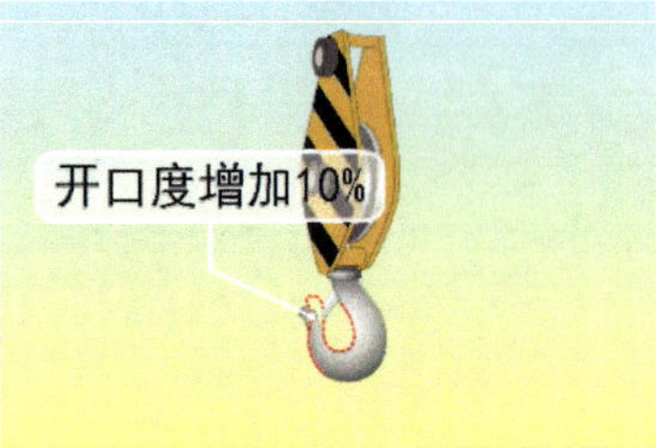

开口度比原尺寸增加10%

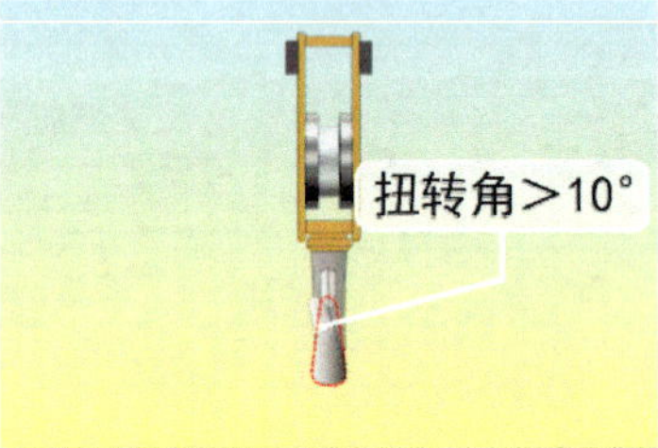

钩身的扭转角超过10°

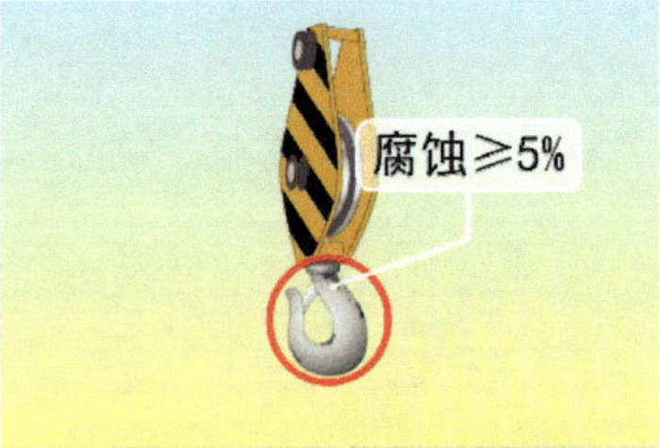

钩柄被腐蚀达原基本尺寸5%

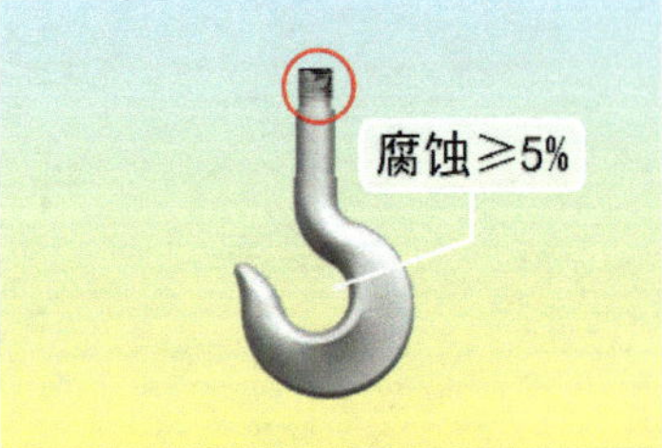

吊钩螺纹被腐蚀

(5)起重机滑轮有下列情况之一的应予以报废：

裂纹或轮缘破损

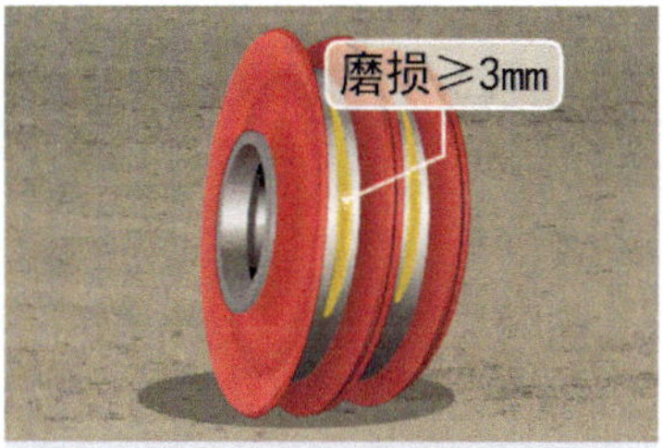

轮槽不均匀磨损达3mm

滑轮绳槽壁厚磨损量达原壁厚的20%

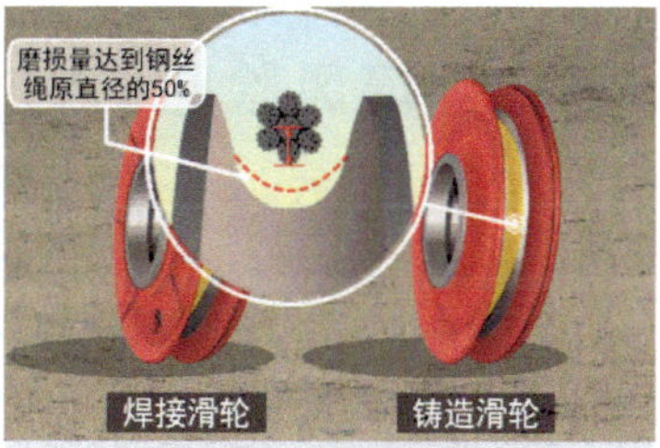

铸造滑轮、焊接滑轮、双幅板压制滑轮槽底磨损量达钢丝绳原直径的50%

起重机械操作工安全口诀

起重机械要严管　安拆使用手续全
人员持证才能干　限重限位装规范
还要指挥来相伴　吊装安全心头念
环境风险时时看　信号不清不蛮干
试吊检验不能减　索具匹配防拉断
吊物捆牢莫散乱　起升移转动作缓
十不吊咱绝不犯　机械定期细检验
吊钩钢绳磨超限　不得修补快更换
工完停放要定点　保养维护不偷懒
离机锁闭断电源　认真细致保安全